如果你是第一个登上火星的人

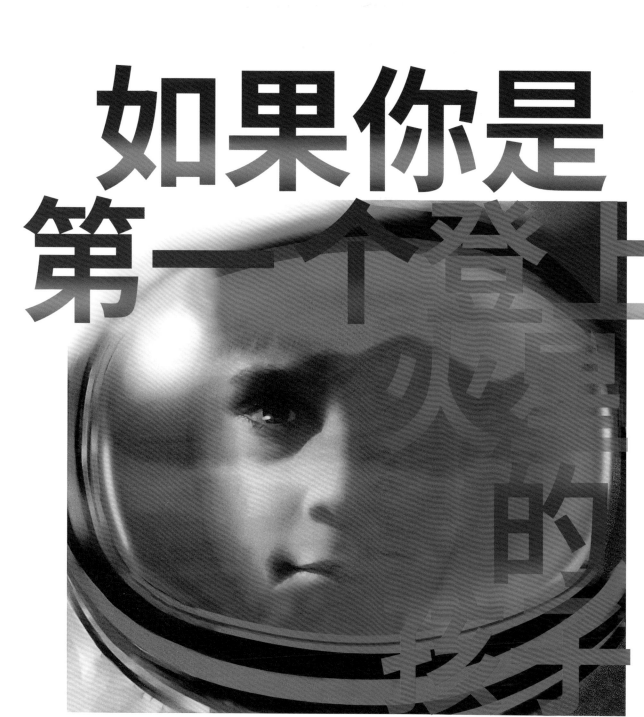

[美]帕特里克·奥布莱恩◎著/绘　　李海霞◎译

北京联合出版公司
Beijing United Publishing Co.,Ltd.

你想去火星吗？你想坐火箭去另外一个世界吗，一个距离地球最少有数千万英里的神秘的红色星球？现在还没有人去过那里，但未来某一天，这也许会成为现实。这本书将告诉你，如果你是第一个登上火星的孩子，你会遇到什么，需要做些什么。

火星上非常冷，表面布满沙尘和岩石，而且经常刮风。但还是有许多人渴望去探索这个新奇的世界，他们希望能在那儿发现外星生命。

有一大，人类可能会去到火星，并在那里建立起供人类生活和工作的聚居地。科学家、工程师、宇航员和他们的家人可能会去火星上生活。

去往火星的第一步是乘坐太空升降舱。当你来到地球站，你会看到固定在地面上的很长很长的缆绳，它们直插云霄，连接着另一头的空间站。

升降舱沿着缆绳上下，带着人员和补给往返地球和太空。

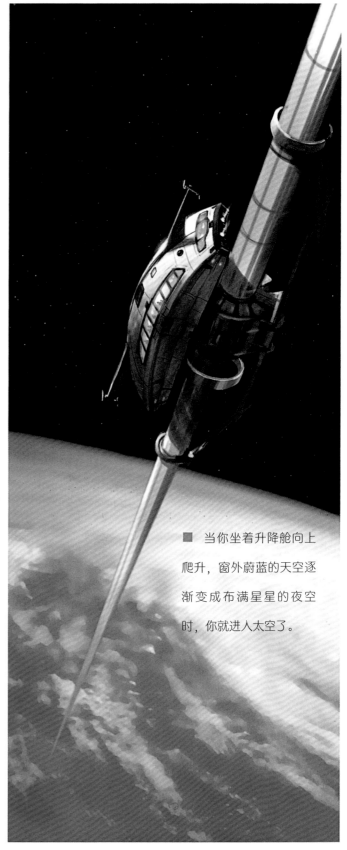

当你坐着升降舱向上爬升，窗外蔚蓝的天空逐渐变成布满星星的夜空时，你就进入太空了。

升降舱停下来后，你要从一个舱口进入空间站。人在太空中会处于失重状态，所以你会飘在空中，比羽毛还轻。

你穿过另一个舱口，进入空间站大大的环形部分。这部分像一个巨大的轮子一样缓慢转动，能产生人工重力，你在这儿不会再飘着了。科学家和宇航员在空间站时就是在这里生活的。

送你去火星的火箭就停在空间站，它由一种叫作核热
火箭发动机的新型引擎提供动力，速度比航天飞机和登月
火箭快很多。你登上火箭，坐下来。

火箭的发射缓慢而平稳，它逐渐加速，直到时速超过
75000 英里（约 12 万千米）。你的火星之旅开始了。

火箭在太空中向火星飞去，你要慢慢习惯漫长的旅程。即便火星是离地球最近的行星之一，那也是一段非常遥远的距离。地球和火星都绕太阳公转，它们之间的最近距离约为 3500 万英里（约 5633 万千米），最远距离约为 24800 万英里（约 4 亿千米）。火箭在两个星球快接近的时候飞向火星，但即便如此，也需要大约 4 个月的时间才能到达。

　　从地球上看，火星像是一个红色的光点，因此，人们常常把它叫作红色星球。

■ 飞船上的舱室又小又挤，但你和其他成员需要的东西都应有尽有。飞船的这部分一直在旋转，所以你能感受到重力。这里有一个小型厨房和一些很小的卫生间，还有一间兼做电视室和图书馆的健身房。

■ 在卧舱中，你睡在上铺，那里配有一个小隔层，你可以用来放陪伴你旅程的随身物品。

■ 透过舷窗，你可以看到地球，它现在看起来非常小，仅仅是茫茫宇宙中很小的一部分。

过了一周又一周，窗外的火星开始变得越来越大，直到最后，满眼望去都是火星那干燥、布满岩石的表面。你会看到火星上空飘浮着一个空间站，它叫作火星轨道基站。你所乘坐的火箭慢慢地、小心翼翼地与基站对接。

■ 基站在火星上空的轨道上运行，它上面对接了一个叫作火星着陆器的飞船，负责送人们往返火星。

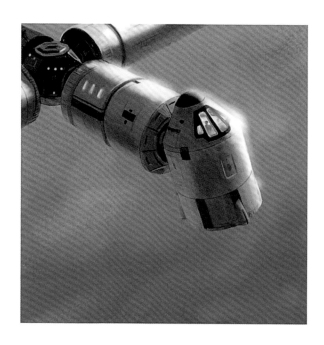

■ 你进入火星着陆器，系好安全带——接下来的旅程将会非常颠簸。

■ 着陆器与基站分离，飞向火星表面。

着陆器以大约每小时 15000 英里（约 24000 千米）的速度进入火星稀薄的大气层。你能感受到着陆器的震动和颠簸，看到窗外呼啸而过的火焰。火星的大气层会降低着陆器的速度，火焰消失后，着陆器向着火星表面急速坠落。

为了降低下落速度，着陆器顶部会弹出几个巨大的降落伞，当它们打开时，你会感受到一次剧烈的颠簸。接着，着陆器尾部的一个火箭引擎点火，继续减速，最后，机组人员将着陆器平稳地降落在火星上。

穿上你的太空服，该踏上火星了。

不穿太空服，你是无法在火星表面行走的，因为火星上的氧气稀薄，而且非常冷。你背在背上的氧气罐能给你供氧，你的太空服能维持你的体温。火星上的重力不到地球上的一半，所以你会一蹦一跳地迈着大步往前走。

你朝火星居住区走去，从气闸舱进入那里。那儿将是你在火星上的家。

■ 那里还有负责电脑运行的工程师，以及驾驶飞船的飞行员。

■ 居住区住着很多人，大部分是科学家，他们在那里研究火星上的空气、岩石和水。

■ 你会有一个属于自己的非常小的房间。

■ 植物种在居住区的温室里。那里没有坚硬的墙壁，而是像一个充满了空气的气球。那些植物是种来吃的，但同时也是为了生产你呼吸所需的氧气——植物的叶子可以（通过光合作用）释放氧气。

科学家们在火星上最重要的任务是寻找火星生命。许多人认为这颗红色星球上可能存在着某种生命形态，或者很久以前存在过生命形态。

你在很多电影里看见过火星人，他们长成这样——

这样——

或这样——

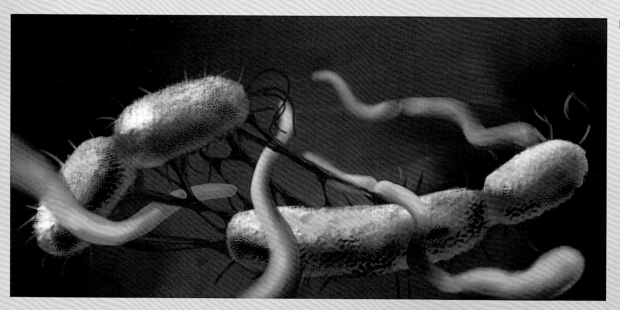

■ 但火星上如果真的有生命存在，它们看起来可能更像这样。你要用显微镜才能看到它们。

■ 一些科学家在岩石中寻找那些带颜色的看起来像植物的东西，希望那会是某种未知的微生物。另一些科学家则在地下水中寻找有可能生活在那里的微小生物。

如果能在火星上发现某种生命形态，我们就能确定，在看似缺少生机的宇宙中，地球并不孤单，而且在其他遥远的星球上也有可能存在着外星生物。

火星的北极覆盖着一片巨大的冰帽，它的主要成分是水。如果火星上没有水，人类就不可能在这个星球上生存。

　　火星的地底深处也有水。工程师们已经开挖了水井来获取聚居地需要的水。这些水除了饮用之外，还被用于在温室里种植食物。而且水还被用在专门的机器上来制造你呼吸所需的氧气。还有机器用水来制造你返回地球所需要的火箭燃料。

火星上经常狂风大作。很多时候，一种叫作尘暴的小旋风会横扫整个聚居地。它们像小型的龙卷风，所到之处沙尘四起。

有时强风肆虐整个地表，空中满是飞扬的沙尘和土。这种大型沙尘暴可以大到让整个星球都笼罩在红色的尘雾中。

火星上有很多机器人帮手。它们负责那些对人类来说过于困难或危险的工作。有时，它们也负责做一些人类觉得太过单调的工作。

■ 这种机器人漫游车能在火星表面移动很远的距离，收集土壤和岩石供研究使用。

■ 无人机可以探索更远的地方，将拍到的照片发回给科学家们。

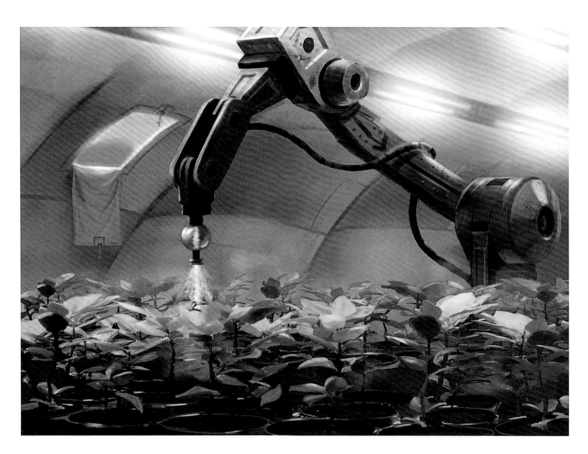

■ 机械臂在温室
中帮忙。

■ 这些机器人在帮忙
盖另一栋居住建筑。

有一天，你和一组科学家一起出去考察。你们在火星的土地上行驶了数英里，欣赏着沿途那些奇异的红色风景。这时，你们看到远处有一个小的金属物体。司机开车向它驶去，接着你们都下了车。

这是"旅居者号"，第一台火星漫游车。自从1997年登陆火星后，它就一直静静地待在这里了。早在人类能自己登陆火星之前，它就做了最早的一些火星探测工作。

你差不多该回家了。但在你走之前，你还有时间坐上火星飞机，来一次快速的飞行。这种飞机是专门为在空气稀薄的火星上飞行而设计的。

一座巨大的山峰出现在你面前。那是奥林匹斯山，它是人类已知所有星球上最高的山峰，是地球最高峰珠穆朗玛峰的 3 倍高。它是如此之高，以至于你如果站在它的山顶，就几乎算是身处太空了。

接下来，你会去探索一个大峡谷——一个非常大的峡谷。它长约 2500 英里（约 4023 千米），深约 5 英里（约 8 千米）。大约是地球上最著名峡谷——科罗拉多大峡谷的 10 倍长、5 倍深。这个火星上的巨大裂缝被叫作水手号峡谷。

你已经在这个红色星球上待了 6 个月，你开始盼望回家。地球
与火星又一次离得越来越近，着陆器已经准备好发射。你登上着陆器，
开始飞回地球的漫长旅程。随着一声巨响，引擎点火，着陆器升起，
飞向火星上空。

飞离火星后，你看着那红色的景观在你下方逐渐远去。你经历了一次不可思议的探险，去了一个从未有孩子去过的地方。

你是第一个登上火星的孩子。

■　火星是离地球最近的行星之一。

■　火星在一个较大的轨道上绕太阳公转，距离太阳约 1 亿 4000
万英里（约 2 亿 2530 万千米）；地球在一个较小的轨道上公转，
距离太阳约 9000 万英里（约 1 亿 4484 万千米）。

■　当地球和火星分别位于太阳两侧时，它们的最远距离是 24800 万英里
（约 4 亿千米）。当位于太阳同一侧时，它们的最近距离是 3500 万英里（约
5633 万千米）。

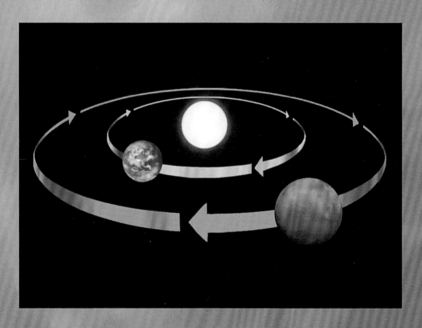

■　如果你可以开车去火星，以高速公路的限速
行驶，需要 60 多年才能到那儿。

■　火星的直径约为 4200 英里（约 6759 千米），
而地球直径大约为 8000 英里（约 12874 千米）。

■ 火星比地球冷很多，因为它离太阳更远。平均气温大约是零下 80 华氏度（零下 62 摄氏度）。

■ 火星绕太阳公转一圈需要 687 天，所以一火星年是 687 天。

■ 火星的自转速度稍微比地球慢一点，所以火星上的一天比地球上长一点。一个火星日大约是 24 小时 38 分钟。

■ 火星有两个小型卫星，分别是福波斯（火卫一）和得摩斯（火卫二）。它们不是规则的球体，而是表面高低不平的石头块。福波斯宽约 17 英里（约 27 千米），表面有一个 6 英里（约 10 千米）宽的撞击坑。得摩斯大约是福波斯的一半大小。

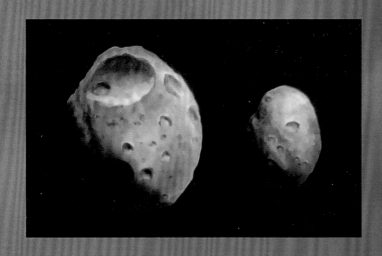

■ 从地球看，火星像是一颗明亮的红色星星，但和其他行星一样，它也在星空中非常缓慢地转动着。

■ 火星的名字来自古罗马人，他们以他们战神（Mars）的名字命名这颗星球。这可能是因为这个星球的颜色让他们联想到鲜血。

献给我的太空男孩亚历克斯。

图书在版编目（CIP）数据

如果你是第一个登上火星的孩子 / （美）帕特里克·
奥布莱恩著绘 ；李海霞译 . — 北京 ：北京联合出版
公司，2021.9（2024.3重印）
ISBN 978-7-5596-5465-6

Ⅰ . ①如… Ⅱ . ①帕… ②李… Ⅲ . ①火星探测－少
儿读物 Ⅳ . ① P185.3-49

中国版本图书馆 CIP 数据核字 (2021) 第 149009 号

如果你是第一个登上火星的孩子

作　　者：[美] 帕特里克·奥布莱恩
译　　者：李海霞
出 品 人：赵红仕
选题策划：北京天略图书有限公司
责任编辑：夏应鹏
特约编辑：一　成
责任校对：钱凯悦
美术编辑：刘晓红

北京联合出版公司出版
（北京市西城区德外大街 83 号楼 9 层　　100088）
北京联合天畅文化传播公司发行
河北尚唐印刷包装有限公司印刷　新华书店经销
字数 6 千字　　787 毫米 ×1092 毫米　　1/12　　$3\frac{1}{3}$ 印张
2021 年 9 月第 1 版　　2024 年 3 月第 4 次印刷
ISBN 978-7-5596-5465-6
定价：49.00 元